왜
가려워요?

왜 가려워요?

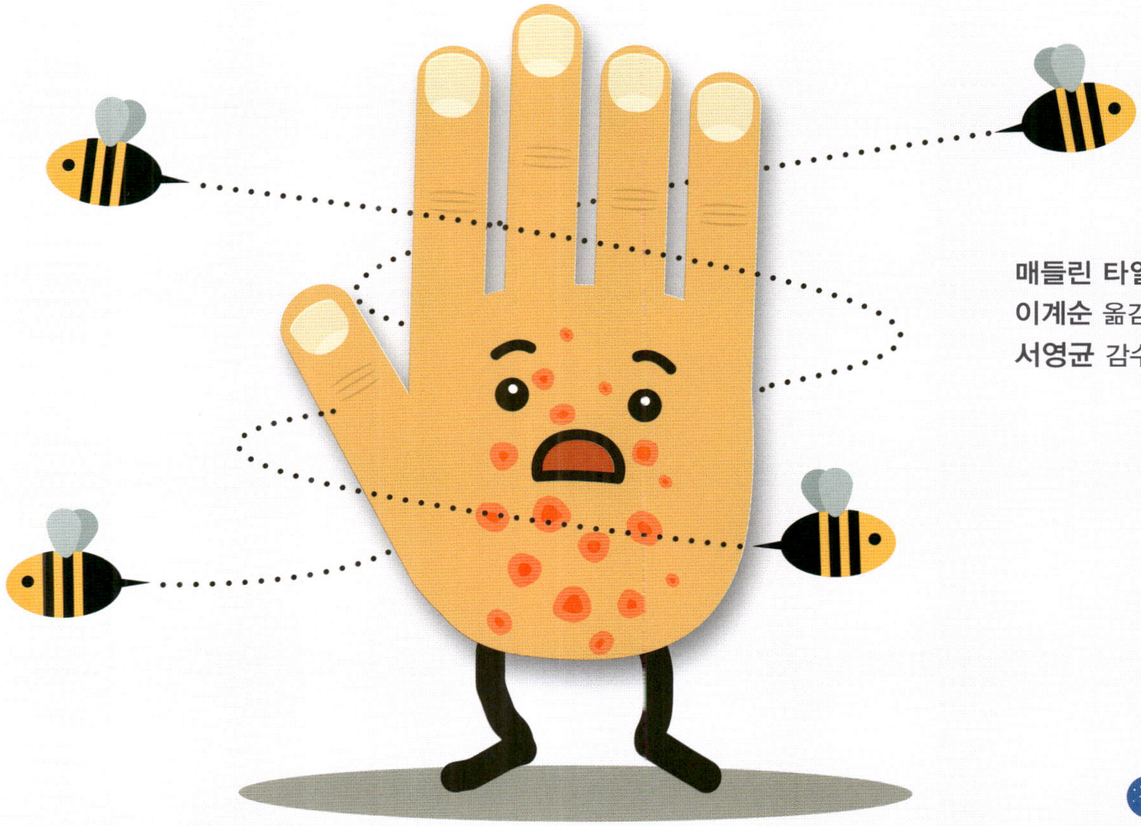

매들린 타일러 글
이계순 옮김
서영균 감수

기린미디어

차례

이렇게
<u>밑줄</u>이 그어진
단어의 뜻은
26쪽에 있어요.

간질간질 가렵나요?

가려워서 시원스레
북북 긁고 싶었던 적이 있나요?

주로 팔이나 다리가 가렵지만, 머리도 가려울 수 있어요. 한마디로 말해,
어디든지 가려울 수 있는 거예요. 그런데 왜 그럴까요?

왜
가려울까요?

몸이 가려운 이유는 무척 많아요. 무언가에 <u>알레르기</u>가 있어서 피부가 <u>반응</u>하는 것일 수도 있어요. 햇볕을 너무 오래 쬐어 화상을 입어 그럴 수도 있고요.

가려우면 짜증이 나기도 해요. 하지만 가렵다는 건 뇌가 우리 몸을
건강하게 지켜 주고 있다는 뜻이에요.

신경 기관

신경 기관은 뇌와 척수 그리고 말초 신경으로 이루어져 있어요.
피부는 표피, 진피, 피부밑 지방층 이렇게 세 개의 층으로 이루어져 있고요.
피부로 받아들인 자극은 말초 신경과 척수를 통해 뇌로 전달돼요.

피부를 자극하는 건 아주 많아요. '앗, 피부에
뭔가 위험한 게 붙었구나.' 하는 생각이 들면,
뇌는 우리가 그것을 긁어서 탈탈 털어 내도록
하지요.

가려움을 느끼기까지

우리는 어떻게 가려움을 느낄까요? 그림 아래쪽부터 시작해 위로 올라와 보세요!

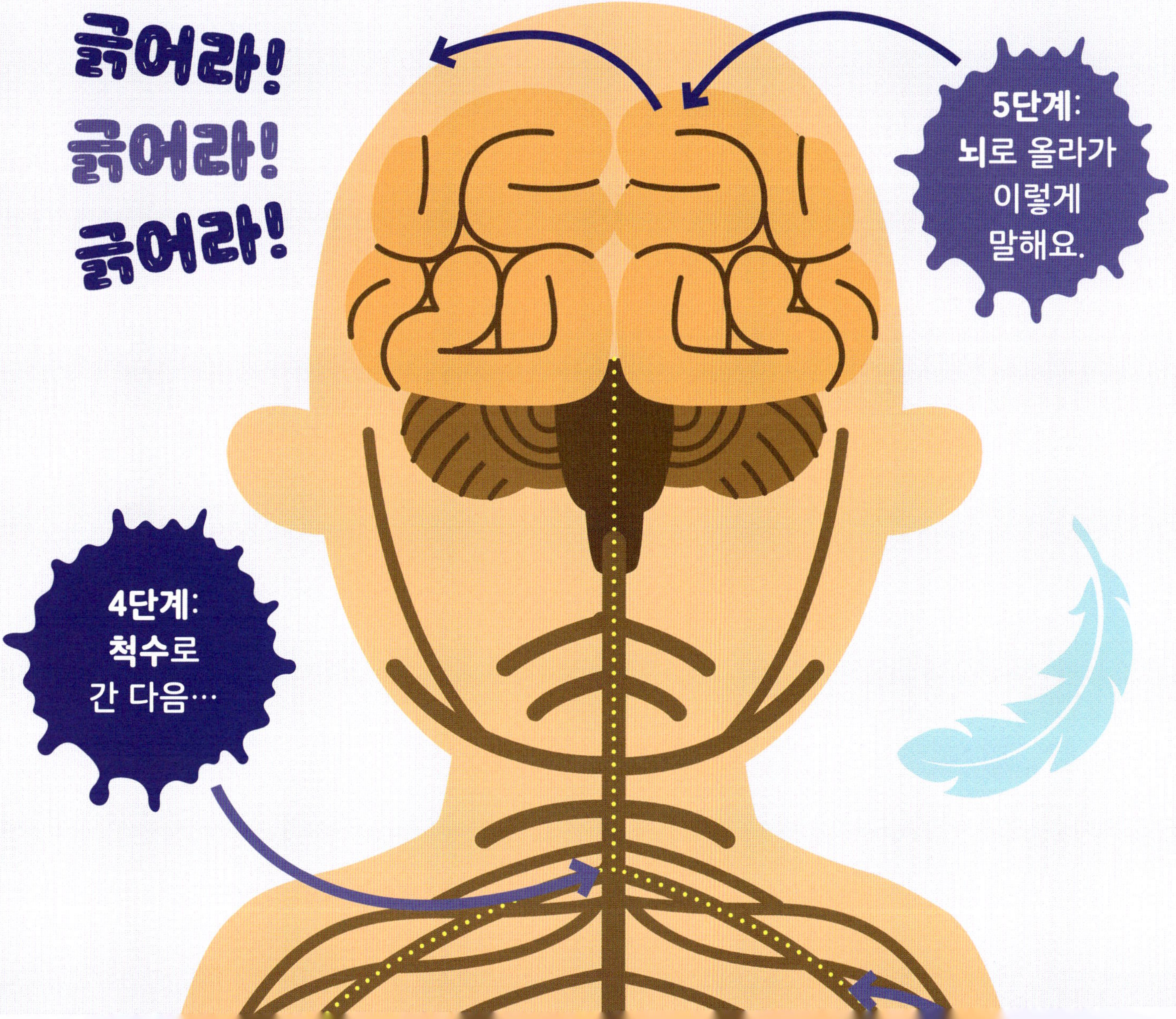

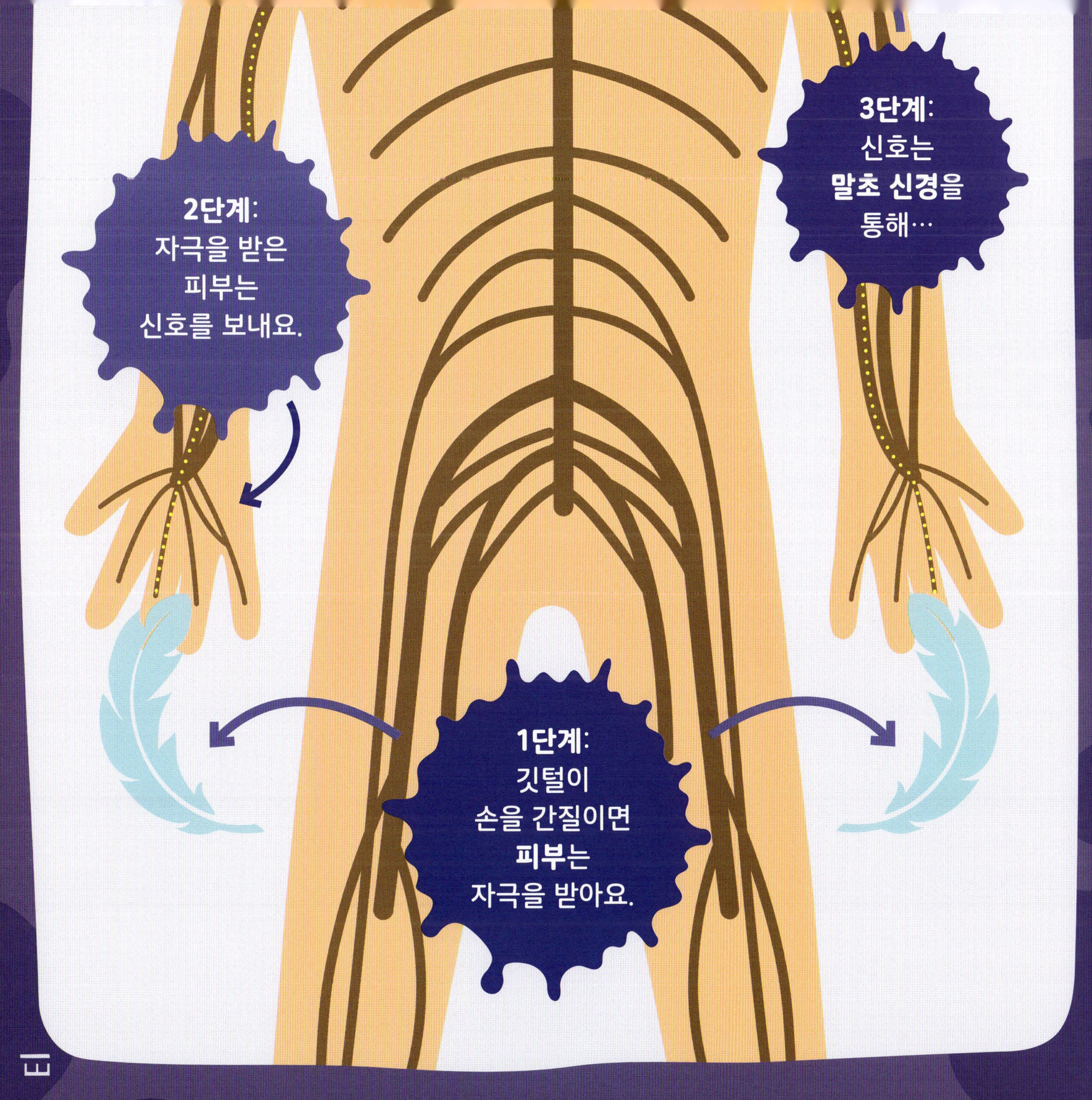

1단계:
깃털이
손을 간질이면
피부는
자극을 받아요.
2단계:
자극을 받은
피부는
신호를 보내요.
3단계:
신호는
말초 신경을
통해…
13

긁으면 아파요!

가려운 곳을 긁으면, <u>신경</u>은 다시
뇌에다 지금 긁는 곳이 아프다고
말해요.

그러면 뇌는 아픈 것에 대해
생각하느라 가려움을 잊어버려요.

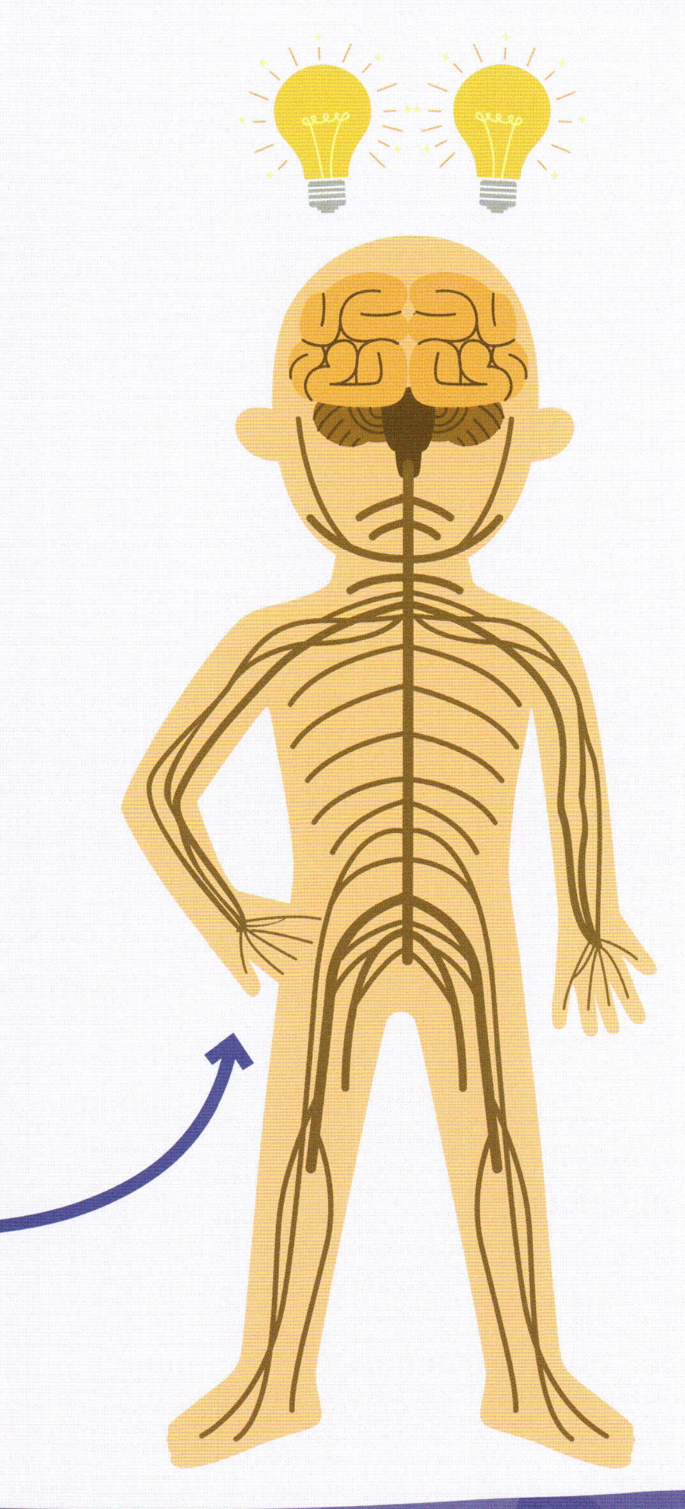

벅벅 긁으면 처음에는 기분이 좋아요.
하지만 잠시 후, 가려움증이 더
심해지거나 긁은 곳에서 피가 날 수도
있어요.

발진

피부가 자극을 심하게 받으면 발진이 생길 수 있어요. 발진이 생기면 피부가 붉어지면서 뜨끈뜨끈해지고, 좁쌀 같은 게 오톨도톨 올라오면서 무척 가려워요.

아무리 긁고 싶어도 긁으면 안 돼요. 발진을 긁으면 가려움증이 더 심해지거든요. 더 오랫동안 가렵고요.

모기에 물렸어요

모기는 아주 귀찮은 곤충이에요. 우리 피부에
작은 상처를 내고서 피를 빨아 먹으니까요.

모기에 물리면 피부 세포에서 히스타민이라는 물질을 내보내요. 히스타민은
신경을 통해 뇌에 신호를 보내고, 신호를 받은 뇌는 몸에 이렇게 말해요.
"긁어라!"

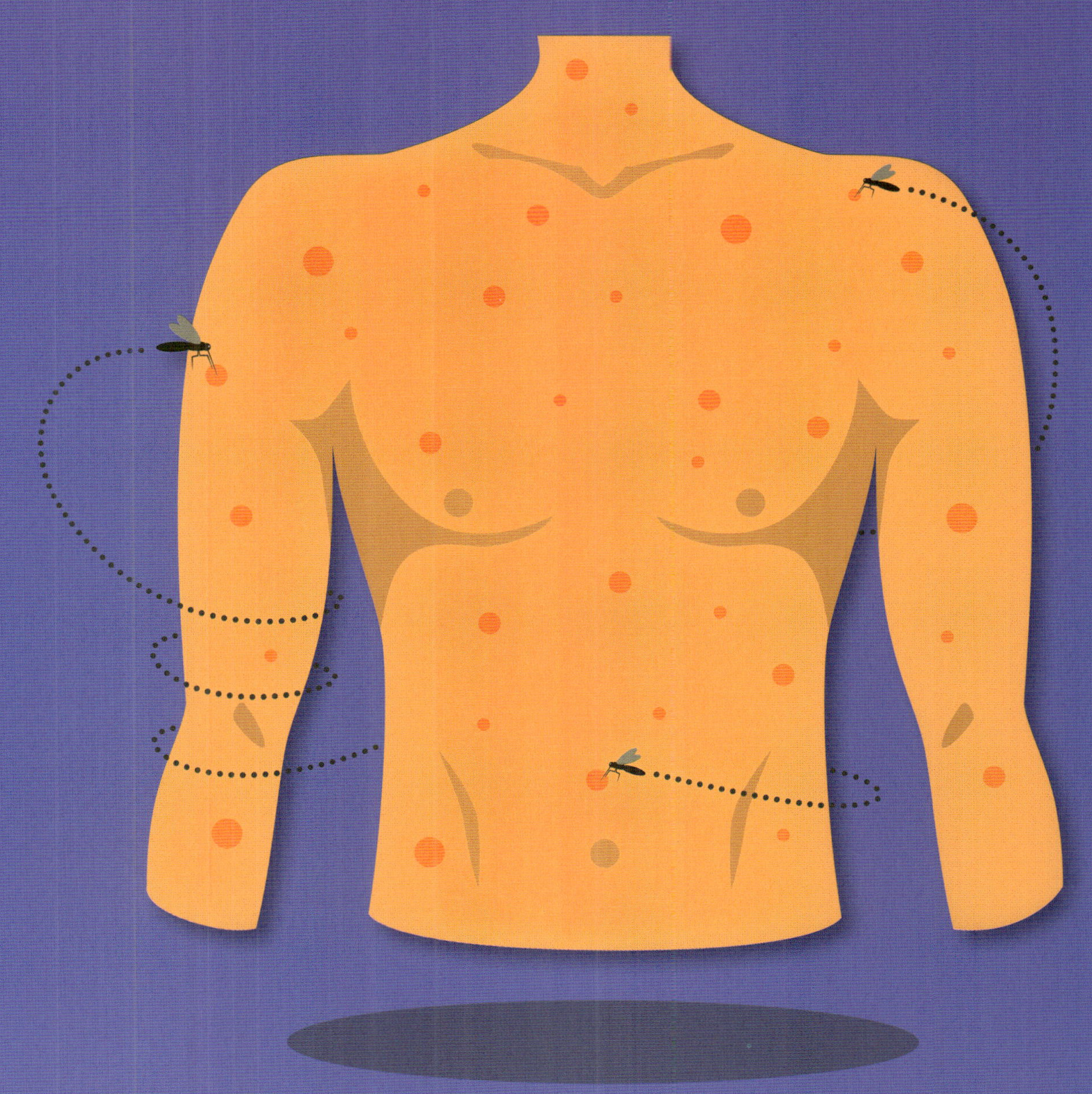

심술궂은 쐐기풀

쐐기풀에 쏘인 적이 있나요? 쐐기풀을 만지면, 쐐기풀을 덮고 있던 털들이 우리 피부에 철썩 들러붙어요.

피부에 들러붙은 털에서 화학 물질이 나와요. 그러면
피부가 붉어지면서 가렵고 불뚝불뚝 부어오르지요.

가려움증 치료

오랫동안 가렵다면 <u>치료제</u>를 써서
낫게 해야 해요.

벌레에 물리거나
쏘였을 때 쓰는 연고에는
<u>항히스타민</u> 성분이
들어 있어요.
히스타민 작용을 억제해
가렵지 않게 해 주는 거예요.

젖은 수건을
피부에 대서
시원하게 해 봐요.
덜 가려울 거예요.

옷을
헐렁하게 입으면
피부가
시원해져요.

깜짝 퀴즈

아래 설명을 읽고 그것에 해당하는 그림을 오른쪽에서 찾아봐요.
잘 연결할 수 있나요?

쐐기풀에 닿으면
피부가 빨갛게 되면서
부어올라요.

햇볕에 심하게 타면
피부가 벌겋게
익으면서 벗겨져요.

알레르기 반응으로 생긴 발진은
생김새가 다양해요. 물집이 크게
잡힌 것도 있고, 좁쌀 같은 게
빨갛게 올라온 것도 있어요.

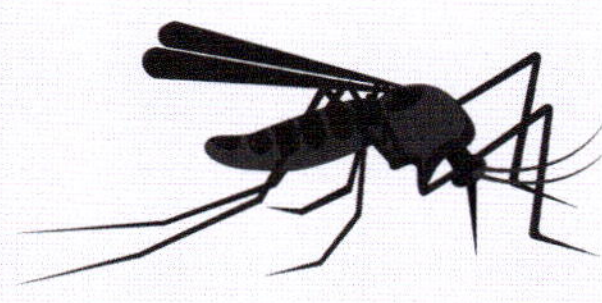

모기에 물리면
물린 곳이
부어오르면서
무척 가려워요.

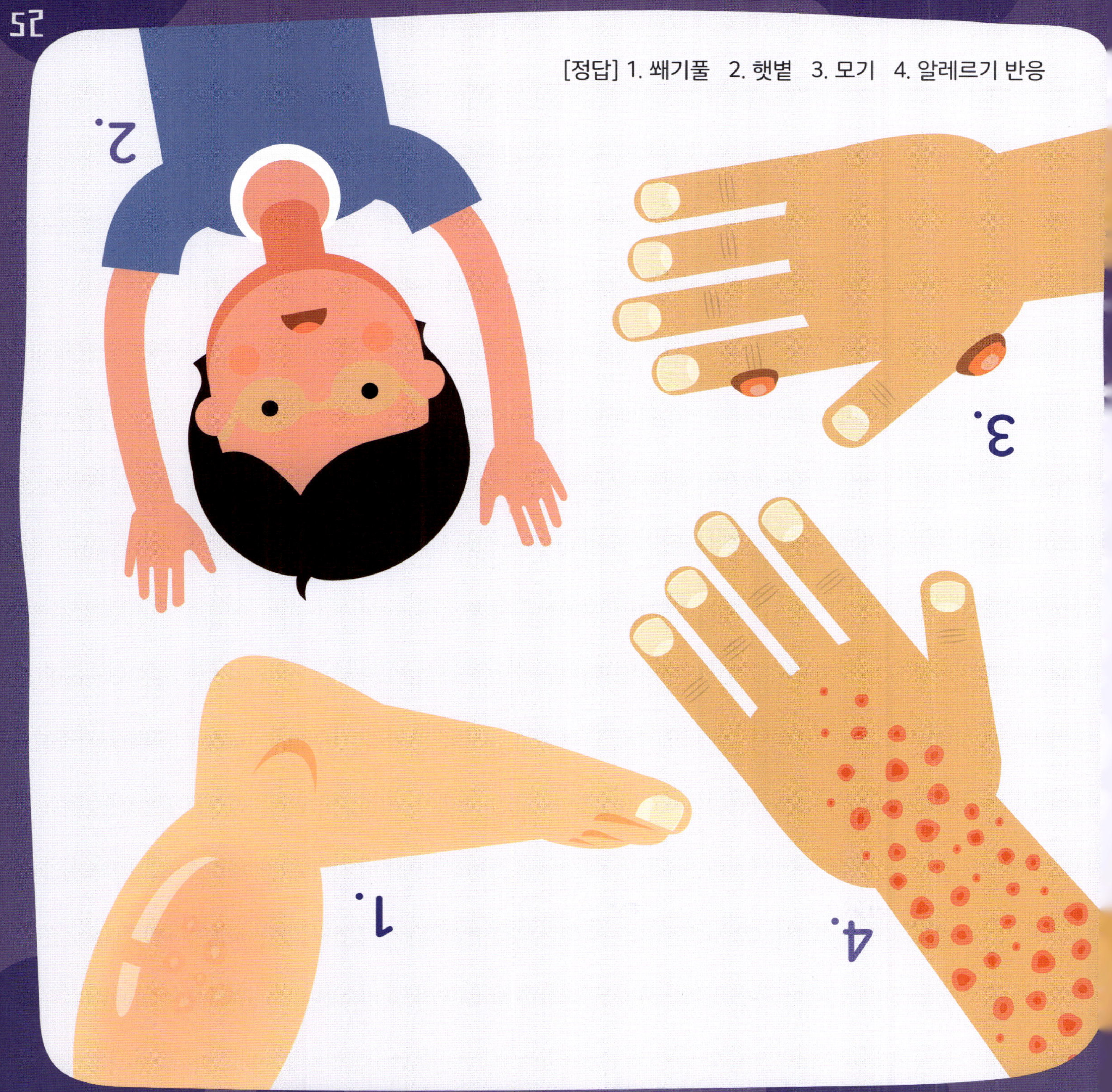

[정답] 1. 쐐기풀 2. 햇볕 3. 모기 4. 알레르기 반응
1.
2.
3.
4.

무슨 뜻일까요?

기관
10쪽

우리 몸의 한 부분으로, 일정한 모양을 가지고 특별히 정해진 일을 해요.

말초 신경
10, 13쪽

온몸에 뻗어 있는 신경이에요. 몸의 각 부분에서 모은 감각, 근육 자극을 척수와 뇌로 전달하고, 뇌와 척수의 운동 자극을 다시 몸으로 전달하는 통로예요.

반응
8, 24쪽

자극에 대해 어떤 현상이 일어나는 것을 말해요.

신경
14, 19쪽

몸의 각 부분에서 자극을 받아들이고 반응을 일으키는 역할을 해요. 하얀색 실처럼 생겼어요.

세포
19쪽

생물을 이루는 기본 단위예요.

알레르기
8, 24쪽

어떤 물질이 몸속에 들어갔을 때 재채기를 하거나 두드러기가 나는 등 지나치게 반응을 하는 걸 말해요.

자극
10, 11, 13, 16쪽

어떤 것이 작용하여 감각이나 마음에 반응을 일으키는 거예요. 피부를 빨갛게 하거나 아프게 하거나 가렵게 만드는 것처럼 말이에요.

척수
10, 12쪽

뇌에서 등뼈 속으로 뻗어 있는 신경 다발이에요.

치료제
22쪽

고통을 없애거나 병을 낫게 하는 약이에요.

항히스타민
22쪽

알레르기 반응에 관여하는 히스타민의 작용을 억제해 가렵지 않게 하는 거예요.

화학 물질
21쪽

화학 현상과 관련된 방법으로 만들어진 물질이에요.

히스타민
19, 22쪽

몸에서 알레르기 반응이 일어날 때 생기는 화학 물질이에요.

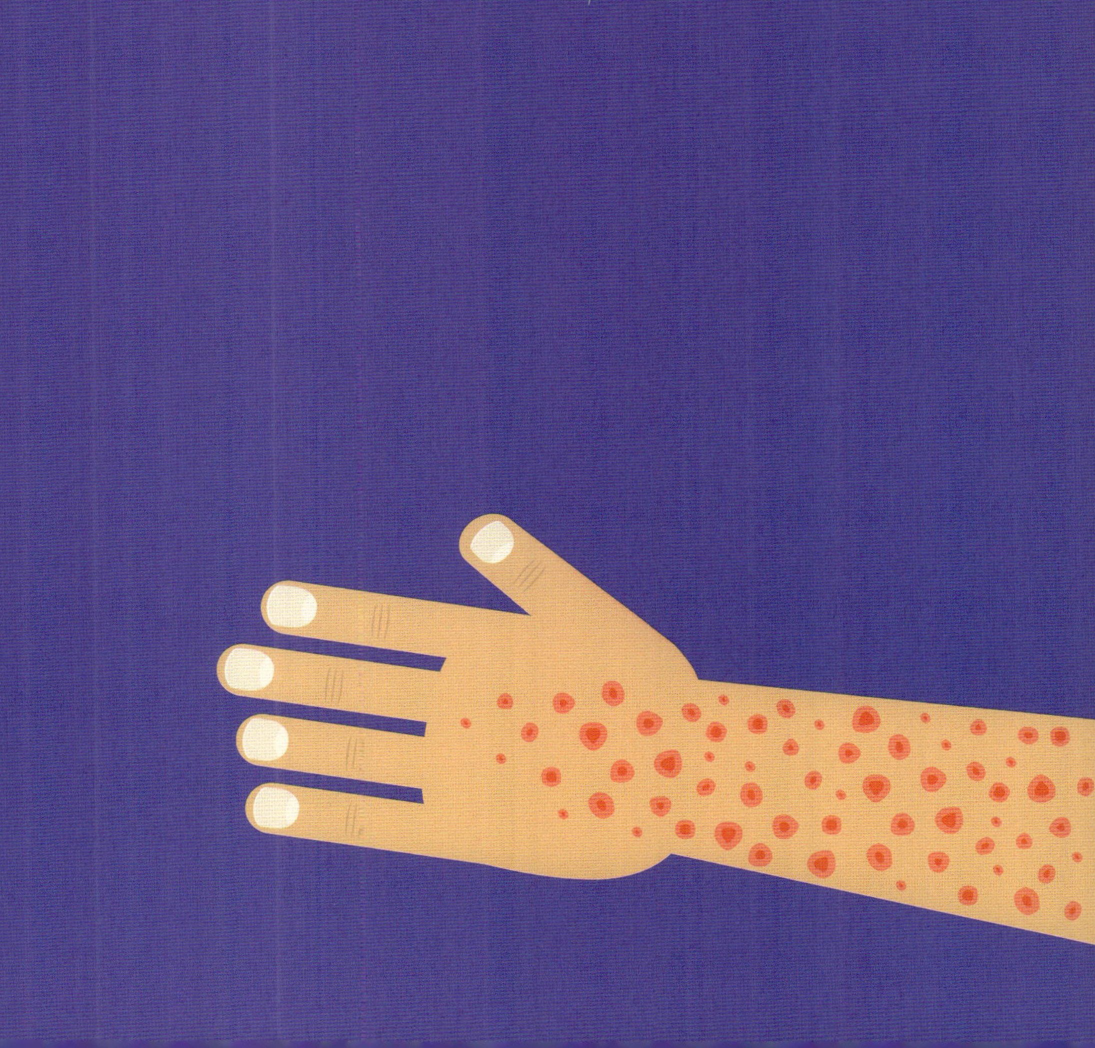

삐뽀삐뽀 우리 몸

왜 가려워요?

초판 1쇄 발행 2021년 5월 25일 **| 초판 2쇄 발행** 2022년 6월 22일
글쓴이 매들린 타일러 **| 옮긴이** 이계순 **| 감수** 서영균
펴낸이 홍성우 **| 책임 편집** 이정은 **| 디자인** 박두레
펴낸곳 기린미디어 **| 등록** 2016년 4월 26일 제 409-2016-000009호
주소 경기도 김포시 모담공원로 17
전화 0505-302-2381 **| 팩스** 0505-300-2381 **| 전자우편** girinmedia@daum.net

ISBN 979-11-91142-19-8 74470
　　　979-11-91142-11-2 (세트)

*책값은 뒤표지에 표시되어 있습니다.
*파본이나 잘못된 책은 구입하신 곳에서 바꿔드립니다.

 **품명** 아동 도서 **| 사용연령** 5세 이상 **| 제조국** 대한민국 **| 제조년월** 2022년 6월 22일 **| 제조자명** 기린미디어
연락처 0505-302-2381 **| 주소** 경기도 김포시 모담공원로 17
주의사항 종이에 베이거나 긁히지 않도록 조심하세요. 책 모서리가 날카로우니 던지거나 떨어뜨리지 마세요.
KC마크는 이 제품이 공통안전기준에 적합하였음을 의미합니다.

이미지 출처
셔터스톡, 게티이미지, 싱크스톡포토, 아이스톡포토
표지, p3 : Dmitry Natashin, Nadzin, BigMouse, Panda Vector. 모든 페이지마다 사용된 이미지 : Nadzin, TheFarAwayKingdom. p4 : svtdesign,
Anna Violet. p6–8 : Iconic Bestiary. p9 : svtdesign. p10 : and4me. p11 : svtdesign, Anna Violet. p12–13 : LOVE YOU, Arcady. p14 :
LOVE YOU, marysuperstudio. p15 : Ellika, Macrovector. p16 : Anna Violet, Macrovector. p17 : The Last Word. p18 : hvostik, VectorPot. p19
: Nadzin, BigMouse, Panda Vector. p20 : Rvector, Giamportone. p21 : ann131313. p22 : Giamportone, Jemastock. p23 : Iconic Bestiary,
Studio_G. p24 : knahthra, Rvector, hvostik. p25 : ann131313, Anna Violet, Macrovector, Iconic Bestiary.

글쓴이 매들린 타일러
대학에서 비교 문학을 공부했습니다. 출판사에서 편집자로 일하며 작가로도 활동하고 있습니다. <몬스터 수학> 시리즈를 비롯한 수십 권의 어린이 교양 도서를 썼습니다.

옮긴이 이계순
서울대학교를 졸업했고, 인문사회부터 과학에 이르기까지 폭넓은 분야에 관심을 갖고 공부하는 것을 좋아합니다. 좋은 어린이·청소년 책을 우리말로 옮기는 일에 힘쓰고 있습니다. 옮긴 책으로 《캣보이》, 《1분 1시간 1일 나와 승리 사이》, 《말똥말똥 잠이 안 와》, 《지키지 말아야 할 비밀》, <공룡 나라 친구들 시리즈(전11권)> 등이 있습니다.

감수 서영균
서울대학교 의과대학을 졸업한 의학박사, 가정의학과 전문의입니다. KBS <생로병사의 비밀>, 채널A <나는 몸신이다> 등 다수의 프로그램에 출연했습니다. 현재 한림대학교 성심병원 가정의학과 교수입니다.